Boutron - Charlard.
Recherches sur l'existence
du principe acre dans
l'embryon du Ricin.
I.

RECHERCHES

SUR L'EXISTENCE DU PRINCIPE ACRE

DANS L'EMBRYON DU RICIN,

ET SUR LES CAUSES DE L'ACRETÉ DE L'HUILE DE RICIN
D'AMÉRIQUE.

Par MM. BOUTRON-CHARLARD et HENRY fils.

RECHERCHES

*Sur l'existence du principe âcre dans l'embryon du ricin,
et sur les causes de l'âcreté de l'huile de ricin d'Amérique.*

Lu à l'Académie royale de médecine, section de pharmacie, le 17 avril 1824.

Par MM. Boutron - Charlard et Henry fils.

Le mémoire que nous avons l'honneur de présenter aujourd'hui à l'Académie, faisait partie d'un travail entrepris dans le but d'isoler le principe purgatif du ricin. Les tentatives que nous avons faites ne nous ayant donné que des résultats peu satisfaisans, nous avons cru devoir en différer la publication. Parmi les questions que nous nous étions proposé de traiter, la suivante nous a paru mériter quelque intérêt :

« Le principe âcre que l'on remarquait dans l'huile de
» ricin d'Amérique, ou extraite par les procédés de cette
» contrée, et qui, par ses inconvéniens, limitait l'usage de
» cette huile, existait-il tout formé dans la semence, ou
» était-il le résultat des méthodes employées pour en
» extraire l'huile ? »

Quoique cette question ait été proposée nombre de fois, elle était encore restée indécise : nous n'avons pas la prétention de croire que nous l'avons entièrement résolue ; mais, en détruisant par des expériences positives les opinions qui attribuent à l'embryon et à la partie corticale, la propriété de communiquer à l'huile de ricin l'âcreté qu'on lui connaît, nous jetterons peut-être quelque jour sur cette matière.

Dans les nombreux mémoires, observations, recherches, qui ont eu pour but, soit d'améliorer les procédés destinés à extraire l'huile de ricin, soit d'indiquer des caractères et des propriétés restés inconnus, plusieurs auteurs ont attribué, soit à l'enveloppe, soit à l'embryon du ricin, la propriété âcre qui se faisait remarquer dans l'huile d'Amérique.

Ces opinions, qui ne sont basées sur aucun fait, sont tout-à-fait inexactes ; sans chercher à les réfuter par des hypothèses, nous nous bornerons à citer les essais suivans :

1°. Si l'on mâche, même pendant fort long-temps les enveloppes corticales de plusieurs graines de ricin, on ne ressent ni le picotement ni la chaleur, qu'occasionent d'ordinaire les substances âcres sur les parties si délicates de la bouche et de l'arrière-bouche ;

2°. Si l'on fait bouillir pendant une heure une certaine quantité de ces enveloppes dans une pinte d'eau distillée, que l'on passe et que l'on concentre la liqueur, on obtient un extrait qui ne possède rien d'âcre ni d'irritant. Les yeux exposés à la vapeur aqueuse qui s'échappe pendant l'ébullition ne sont pas affectés ;

3°. Si, dans la supposition que le principe âcre soit soluble dans l'huile et non pas dans l'eau, on fait bouillir une poignée de ces enveloppes concassées dans de l'huile de ricin pure, extraite à froid ; elle reste après cette opération aussi douce qu'elle était auparavant (1).

Nous croyons qu'il n'en faut pas davantage pour affirmer que le principe âcre du ricin, ne réside pas dans l'enveloppe corticale. Voyons si l'embryon, qui est regardé par quelques auteurs comme un organe *essentiellement vénéneux*, capable de produire une chaleur *âcre et brûlante*, est la partie de la semence qui le renferme. Cet avis paraît être celui de MM. les rédacteurs de la *Flore médicale*, du moins si nous en jugeons par le passage suivant que nous avons cru devoir transcrire ici :

_____

(1) Ces trois expériences ont été faites sur des semences de ricin, récoltées à Cayenne en 1822, et sur des semences de ricin récoltées à Nîmes en 1823 ; nous avons obtenu le même résultat.

« L'huile grasse que l'on retire de ces semences, dès
» long-temps connue et employée par les anciens, sous le
» nom de χιχιον ελαιον, *oleum cicinum*, jouit également de
» qualités très-opposées et de propriétés très-différentes,
» selon qu'elle a été fournie par le périsperme seul et sé-
» paré de son embryon, ou bien par l'amande entière.
» Dans le premier cas, elle est douce, d'un goût agréable,
» adoucissante, lubréfiante, émolliente, relâchante; elle
» constitue un purgatif très-doux et jouit en un mot de
» toutes les propriétés des autres huiles douces.

» Dans le second, elle est âcre, et plus ou moins nau-
» séeuse, elle excite l'inflammation du pharynx, elle pro-
» voque le vomissement, enflamme l'estomac, irrite l'in-
» testin, produit des superpurgations terribles et autres
» accidens formidables et quelquefois mortels. Or, comme
» l'huile de l'embryon sort avec beaucoup plus de difficulté
» que celle du périsperme, et exige une beaucoup plus
» forte pression pour être obtenue, il arrive qu'en sou-
» mettant les semences de ricin entières, à une pression
» modérée, ou bien en employant leur immersion
» dans l'eau chaude pour obtenir une huile qui vient
» alors nager à la surface du liquide, on obtient une
» huile très-douce et en tout semblable à celle des autres
» semences émulsives; tandis que si l'on presse fortement,
» l'embryon, forcé de céder ses principes âcres et vénéneux,
» communique à cette huile son âcreté et ses propriétés
» drastiques et corrosives, et en fait ainsi un des purga-
» tifs drastiques les plus violens et les plus dangereux que
» l'on connaisse. »

Dans le 73me. volume des *Annales de chimie*, année 1810,
page 106, on trouve aussi les conclusions suivantes d'un
mémoire publié par M. Deyeux, sur l'huile de ricin :

« Il faut conclure,
» 1°. Que c'est seulement le germe de la semence, qui

» donne à l'huile de mauvaise qualité, la saveur âcre qu'on
» lui remarque.

» 2°. Que les deux lobes de cette semence, dépouillés
» de leur germe, fournissent une huile très-douce et bonne
» à manger.

» 3°. Qu'il est vraisemblable que le procédé employé en
» Amérique pour préparer l'huile de ricin, n'est pas tou-
» jours le même, ou n'est pas constamment suivi avec la
» même exactitude. »

Nous combattrons, dans le cours de ce mémoire, les deux
premiers alinéa de ces conclusions. Quant au troisième, il
viendra fortifier les réflexions qui terminent ce travail,
et qui tendent à prouver que la méthode employée pour
préparer l'huile de ricin aux colonies, est la seule cause
de l'âcreté dont elle est pourvue.

Il ne nous appartient pas d'expliquer les motifs qui peu-
vent avoir engagé ces auteurs à attribuer à l'embryon du
ricin, des vertus aussi énergiques et aussi nuisibles ; nous
nous étonnerons seulement qu'un organe aussi mince et
pour ainsi dire invisible, et qui possède à la consistance
près toutes les propriétés physiques du périsperme, puisse
être le siége d'un principe âcre aussi vénéneux.

Nous avons d'autant plus à cœur de chercher à détruire
cette opinion, qu'elle est partagée par un grand nombre de
savans et de naturalistes recommandables. Déjà M. *Mérat*,
dans un article sur l'huile de ricin, imprimé dans le *Dic-
tionnaire des sciences médicales*, tome 49, page 2, avait
cru devoir la réfuter par des raisonnemens (1). Les expériences suivantes qui pourraient leur servir de complé-
ment, feront voir que cette supposition est purement gra-
tuite.

___

(1) M. Guibourt, pharmacien de Paris, dans son Histoire naturelle des
drogues simples, avait dit aussi, page 156, tome II, que le germe du
ricin n'avait pas une *saveur beaucoup plus marquée que l'amande*, et que
la semence *privée de germe était âcre par elle-même*.

Examen des embryons.

Nous avons séparé avec le plus grand soin et une extrême patience les embryons de plus de trente mille semences de ricin, dans l'intention d'en extraire l'huile. Mais les embryons du ricin étant d'une consistance plus forte que celle du périsperme, il nous eût été difficile en les soumettant à la presse de pouvoir atteindre ce but. Aussi avons-nous cru devoir faire usage du procédé indiqué par M. Faguer, pour l'extraction de l'huile de ricin, *Journal de pharmacie*, page 475, année 1822.

Nous avons à cet effet réduit les embryons en une pâte fine, que nous avons délayée dans deux fois son poids d'alcohol rectifié. Le mélange exprimé, nous avons filtré la liqueur, laquelle, soumise à la distillation au bain-marie, pour volatiliser l'alcohol, nous a donné une huile limpide, d'une couleur verdâtre, *entièrement exempte d'âcreté et ne possédant aucune propriété nuisible* (1). Cette huile offre, en général, la plupart des caractères particuliers à l'huile de ricin, mais elle a une saveur particulière.

Nous avions remarqué que pendant la trituration des embryons pour les réduire en pâte, il s'en dégageait une odeur analogue à celle du café vert. Cette odeur, qui se communique à l'huile lorsqu'on traite les embryons par l'alcohol rectifié, et qui, de prime abord, pourrait être regardée comme vireuse, se développe sur la langue d'une manière sensible et agréable, sans y laisser, ainsi que l'huile elle-même, la moindre trace de causticité.

Ces expériences démontrent d'une manière évidente que les embryons, loin de posséder, comme certains auteurs le prétendent, un principe *essentiellement vénéneux*,

---

(1) L'un de nous a pris un gros de cette huile sans en ressentir le moindre effet. On conçoit aisément que si cette huile d'embryon était réellement la cause de l'âcreté de l'huile de ricin, sous un petit volume elle devrait avoir des propriétés extrêmement énergiques.

fournissent au contraire une huile douce qui n'offre aucune propriété âcre ni dangereuse, et un principe d'une saveur particulière qui a beaucoup de ressemblance avec celui du café vert.

Voici la première partie de la question résolue; nous allons actuellement chercher à éclaircir la seconde.

Puisque l'enveloppe corticale et l'embryon ne contiennent pas le principe âcre, examinons si le périsperme ne serait pas la partie du ricin, en raison de son volume et de la quantité d'huile qu'elle peut produire, qui renfermerait ce principe en question. Voyons si l'huile de ricin la plus pure, celle que l'on extrait à froid du périsperme séparé et de l'enveloppe corticale et de l'embryon, est elle-même entièrement exempte de goût. Si on la compare aux huiles d'Amérique, qui ont si long-temps inondé le commerce de la droguerie, et qui avaient un goût âcre et une odeur empyreumatique, il est de fait qu'on la trouvera douce. Mais si on la déguste avec attention, on remarquera que, même dans son plus grand degré de pureté, elle laisse toujours au larynx une légère impression, peu désagréable à la vérité, mais qui demande plus ou moins de temps pour se dissiper. Cette impression ne se fait pas sentir à l'instant même du contact avec la langue, mais se manifeste quelques instans après. On nous objecterait en vain qu'elle pourrait être produite par l'emploi de semences anciennes et par conséquent rances; les semences sur lesquelles nous avons opéré ont été récoltées en 1823.

Tout nous porte donc à croire que le goût qu'on remarque dans l'huile de ricin pure est inhérent à cette huile et fait partie des élémens qui constituent sa nature. Le périsperme étant la partie qui renferme l'huile, il est évident que c'est lui qui contient le principe tant cherché.

Il nous reste à examiner si ce principe inhérent à l'huile de ricin, ne serait pas susceptible, par les procédés usités en Amérique, de pouvoir être exalté, au point de devenir insupportable au goût et d'une action plus marquée sur l'économie animale. D'après les observations de M. Phara-mond , tirées d'une lettre adressée à M. Deyeux ; il paraît que *l'ébullition poussée trop loin , est susceptible de déter-miner dans l'huile de ricin , une âcreté qui n'y existe pas naturellement.* Ce fait , qui s'accorde parfaitement avec les idées que nous avions sur cet objet , nous paraît suscepti-ble de quelques développemens.

On sait qu'en général les procédés employés dans les colonies pour extraire l'huile de ricin , ont tous besoin de l'intermède de la chaleur. La torréfaction des semences en usage dans certaines provinces de l'Amérique , la longue ébullition dans l'eau des semences pilées , l'évaporation se-condaire indispensable pour coaguler le mucilage uni à l'huile , et l'obtenir claire ; le peu de soins surtout appor-tés à ces diverses opérations, sont à notre avis la seule cause de l'âcreté de l'huile de ricin d'Amérique.

Peut-être nous observera-t-on que toutes les huiles qui provenaient d'Amérique n'étaient pas âcres et que même on en trouvait de douces. Nous sommes loin de révoquer ce fait en doute ; mais nous pensons que celles dont l'âcreté paraissait moins sensible , étaient le produit de manipula-teurs plus exercés ou plus instruits. En supposant qu'on n'admette pas que le principe actif de l'huile de ricin pût acquérir, par une application de chaleur long-temps pro-longée, une âcreté sensible , ne pourrait-on pas croire que les élémens de l'huile elle-même éprouvent un commence-ment d'altération? Lorsqu'on chauffe de l'huile d'olives très-pure et sans goût , même avec une certaine quantité d'eau , pendant quelque temps ; l'eau, par sa pesanteur spécifique , occupe toujours la partie inférieure , et la couche d'huile se trouvant en contact immédiat avec les parois latérales du vase évaporatoire , s'échauffe , brunit et acquiert une odeur et un goût désagréables. C'est exacte-ment ce qui a lieu pour l'huile de ricin , et l'on conçoit facilement qu'il est impossible d'éviter cet inconvénient. En opérant au bain-marie, l'huile de ricin étant plus légère que l'eau, surnage constamment ce fluide et en empêche l'évaporation. La vaporisation au bain-marie serait tout au plus praticable pour des essais, mais nullement pour une exploitation semblable à celle des colonies.

L'expérience suivante doit être, à notre avis, une preuve irrécusable que les procédés, par la chaleur, développent dans l'huile de ricin une âcreté qu'elle ne possède pas lorsqu'elle est préparée à froid. Nous avons fait piler dans un mortier de marbre 8 kilogrammes de semences de ricin récoltées à Nîmes, en 1823, et munies de leurs enveloppes et de leurs embryons ; nous les avons ensuite divisées en deux parties. La première a été soumise à la presse, et l'huile obtenue a été filtrée dans une étuve chauffée à 25° du thermomètre centigrade. Elle était incolore et n'avait de goût et d'odeur que ceux particuliers à l'huile de ricin la plus pure.

La seconde partie a été traitée par les procédés usités en Amérique et qui consistent à faire bouillir les semences pilées dans une grande quantité d'eau pendant 5 à 6 heures, et à recueillir pendant ce temps l'huile qui monte à la surface, sous forme d'une écume laiteuse. On reprend ensuite cette écume et on la chauffe de nouveau, afin d'évaporer une partie de l'humidité. Quand le mucilage et une certaine quantité de la fibre des amandes ont été coagulés, et que l'huile paraît être bien séparée, on la passe alors au travers d'une toile serrée. Encore chaude, cette huile est citrine et laisse apercevoir le fond du vase, mais en refroidissant elle se trouble, et ressemble exactement pour la couleur à du succin opaque. En cet état, même par la filtration, il est impossible de l'obtenir claire, et on se trouve dans la nécessité absolue de la soumettre une troisième fois au contact de la chaleur. Cette dernière opération n'a pour but que de coercer la petite quantité de mucilage qui la trouble encore, et d'évaporer le reste de l'humidité qu'en raison de sa densité elle retient toujours avec force.

Mais c'est particulièrement dans cette opération que l'huile est susceptible de pouvoir s'altérer; en effet, il faut saisir le point où l'humidité est évaporée, sans quoi, si l'on continue de chauffer, elle brunit et contracte de suite un goût désagréable. C'est ce qui est arrivé à l'huile que nous avons préparée par ce moyen, quoique avec d'extrêmes précautions, et en opérant sur une petite masse. Elle était d'une couleur jaune-citrine et avait un goût âcre persistant.

Il est encore une cause, si la chaleur est poussée trop loin, qui peut contribuer à colorer l'huile. L'enveloppe corticale, pendant sa longue ébullition, a cédé à l'eau une partie de sa matière colorante, qui, lorsqu'on évapore entièrement l'humidité, se réduit en un extrait brunâtre, fort sujet à se charbonner et susceptible par conséquent de foncer la couleur de l'huile.

La différence qui existe entre les deux huiles obtenues prouve bien que l'application du calorique est la seule cause de l'âcreté de l'huile de ricin, préparée selon les procédés des colonies, puisque celle qu'on obtient à froid et par expression est douce et incolore.

Aussi l'usage de cette dernière devient-il presque général, et la plupart des médecins qui, en raison de l'âcreté qui accompagnait toujours l'huile d'Amérique, en avaient proscrit l'emploi, prescrivent-ils aujourd'hui l'huile de ricin indigène préparée sans feu et par expression.

On doit donc conclure de ce qui précède :

1°. Que l'enveloppe corticale ne contient aucun principe capable de pouvoir communiquer à l'huile de ricin, un saveur âcre et désagréable;

2°. Que l'embryon ou germe, qui jusqu'à ce jour avait été regardé comme le siége d'un principe âcre et vénéneux, ne renferme au contraire qu'une huile douce, ayant un goût agréable, analogue à celui du café vert;

3°. Que le périsperme est la partie du ricin qui contient le principe purgatif;

4°. Que les procédés par la chaleur développent, dans l'huile de ricin, une âcreté qui n'existe pas dans celle préparée à froid et par expression;

5°. Enfin, que l'huile de ricin préparée à froid et par expression, étant la plus pure, est la seule qui doive être employée en médecine.

PARIS.—IMPRIMERIE DE FAIN, RUE RACINE, N°. 4, PLACE DE L'ODÉON.

www.ingramcontent.com/pod-product-compliance
Lightning Source LLC
Chambersburg PA
CBHW050403210326
41520CB00020B/6444